带领孩子认知世界的亲密朋友

全是运输机

酱油熊工作室 编著

U0365027

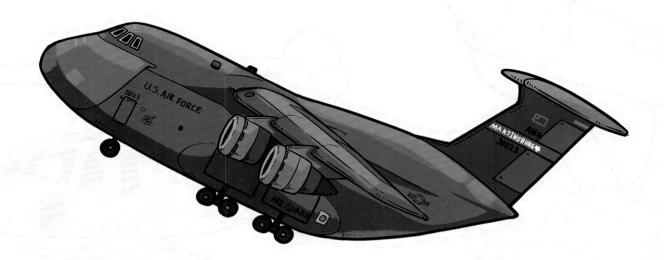

黑龙江少年儿童出版社

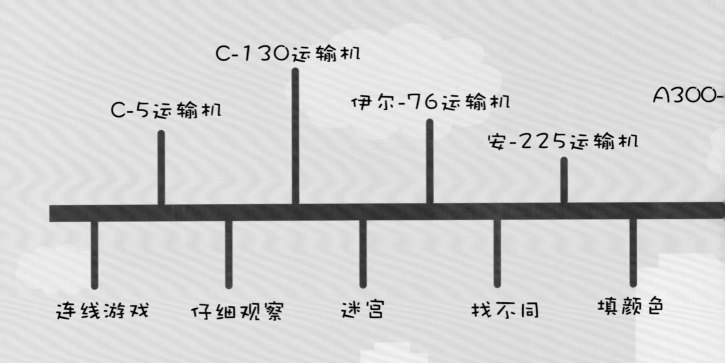

C-130运输机

C-5运输机

伊尔-76运输机

A300-

安-225运输机

连线游戏　　仔细观察　　迷宫　　找不同　　填颜色

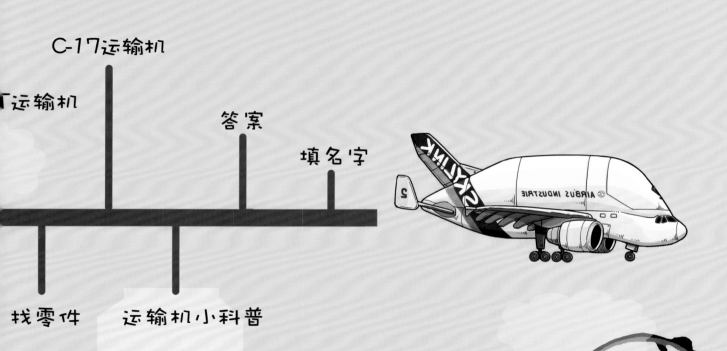

C-17运输机

运输机

答案

填名字

找零件

运输机小科普

C-5运输机

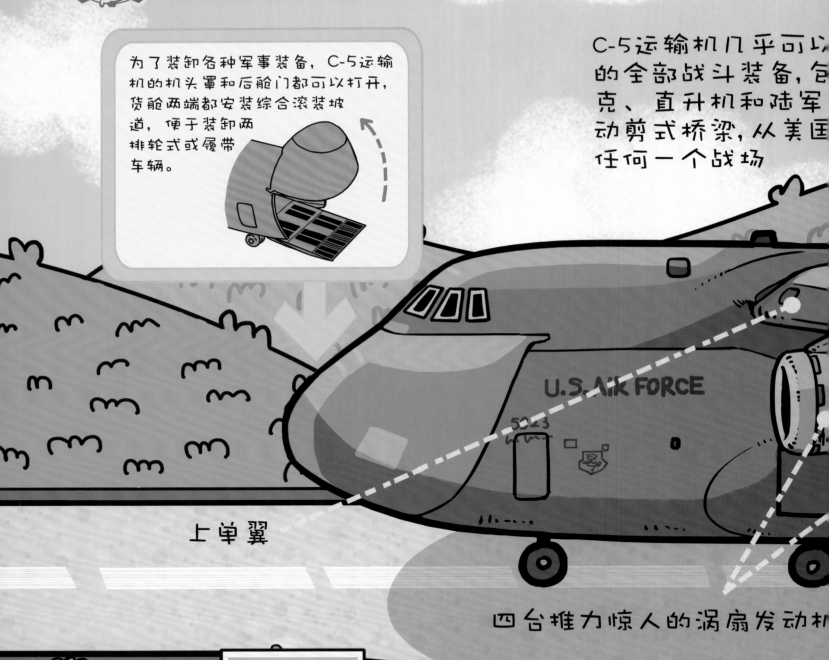

为了装卸各种军事装备，C-5运输机的机头罩和后舱门都可以打开，货舱两端都安装综合滚装坡道，便于装卸两排轮式或履带车辆。

C-5运输机几乎可以～的全部战斗装备，包～克、直升机和陆军～动剪式桥梁，从美国～任何一个战场

U.S. AIR FORCE

上单翼

←G

四台推力惊人的涡扇发动机

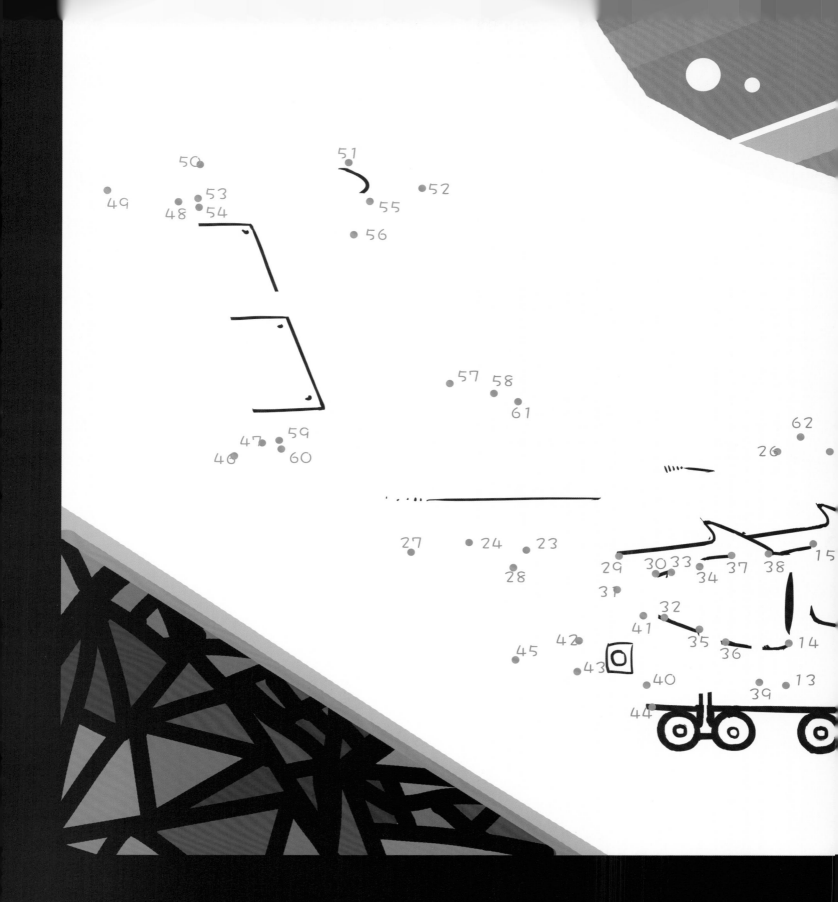

连线游戏

这是什么？
按照顺序从1连到
68,你会发现什么
呢？拿起笔试试
看吧！

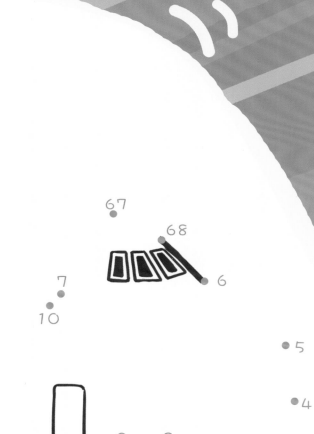

64 65
3
66
22
21
67
68
7
10
6
11
5
4
9 8
12
3
2
1

开 始

C-130运输机

Hi~

常规布局尾翼

简历

我叫C-130,绰号"大力神",是按照美国空军的要求设计制造的一种能在简易机场起降,以涡轮螺旋桨发动机为动力的战术运输机。我还是运输机界有名的"长寿之星"。

上单翼

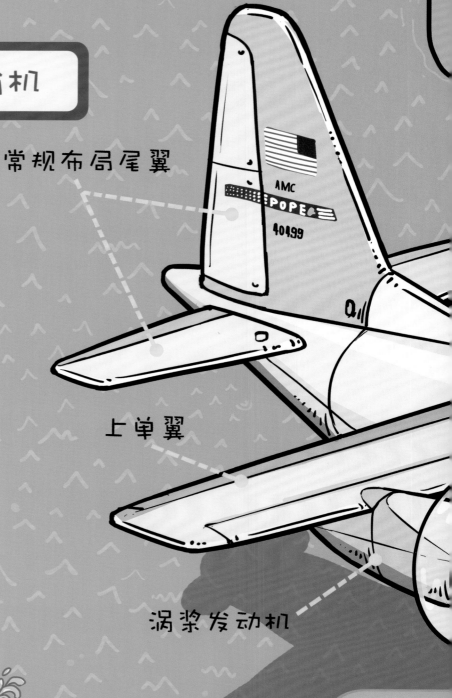

涡桨发动机

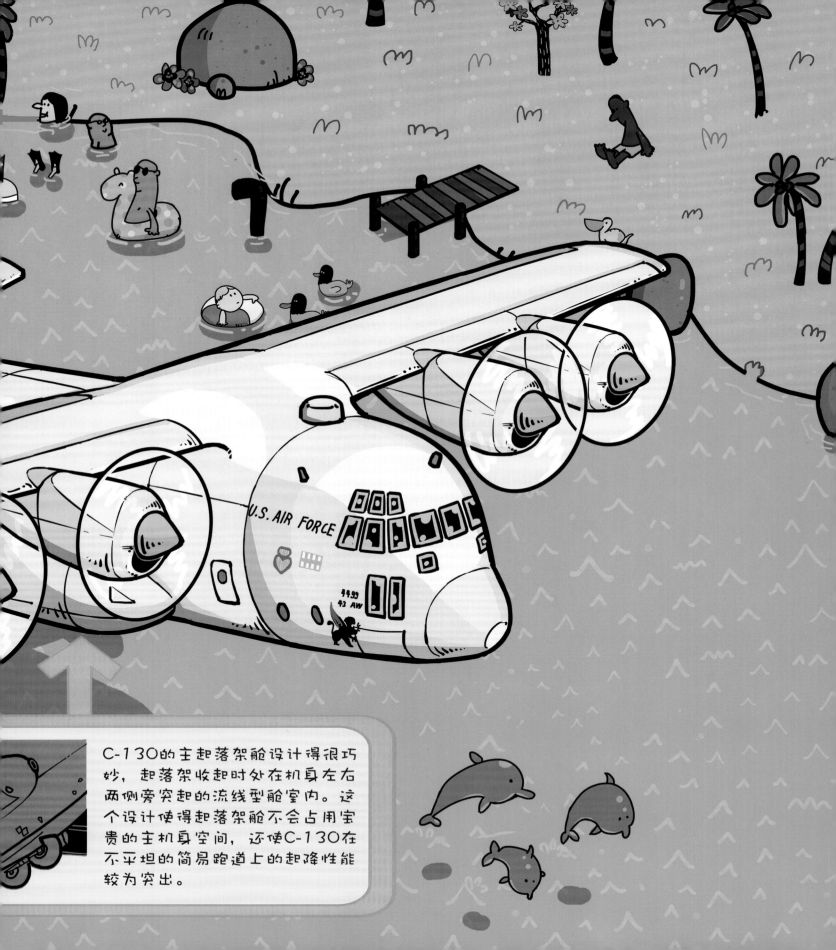

C-130的主起落架舱设计得很巧妙，起落架收起时处在机身左右两侧旁突起的流线型舱室内。这个设计使得起落架舱不会占用宝贵的主机身空间，还使C-130在不平坦的简易跑道上的起降性能较为突出。

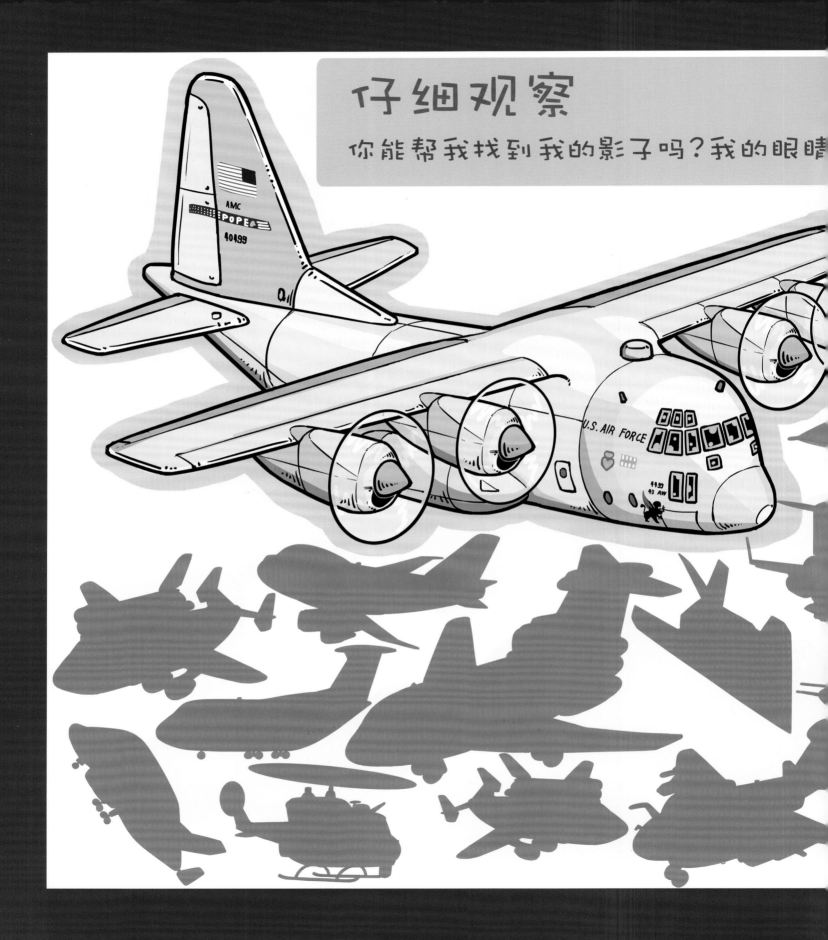

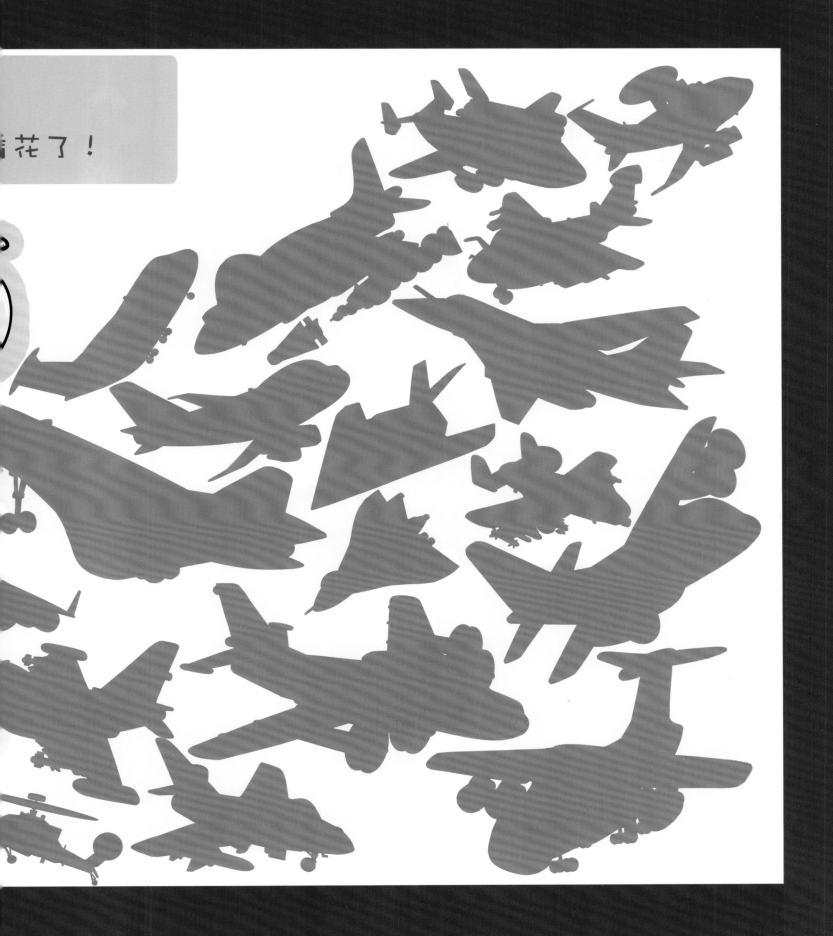

開花了！

伊尔-76运输机

上单翼

伊尔-76运输机是世界上最为成功的一款重型运输机,至今已有40个国家使用过或正在使用它。

迷宫

入口

快来让我们一
起找到正确的
路线吧！

安-225运输机

安-225与"暴风雪"号航天飞机关系密切,其研制的初衷之一就是作为"暴风雪"号航天飞机的运输转移平台

简历

我叫安-225,绰号"哥萨克"。我是安东诺夫设计局(苏联解体后划归乌克兰)研制的超大型军用运输机,我的起飞重量为640吨,是截至2015年全世界载重量最大的运输机。

"暴风雪"号航天飞机

六台涡扇发动机吊装在机

H型尾翼

上单翼

机背能负载超长尺寸的货物，这样就能载着大型器件从生产装配厂出发，可以完整地、不需拆卸地运至使用场所，这样既保证了运输货物的安全，又缩短了运输周期。

大型机械

宇宙飞船

飞机

A300-600ST拥有容积最大的货舱，可以运送各种各样的货物，范围包括飞机部件、空间站部件、直升飞机乃至价值连城的艺术品

从我的身材就能看出我的"胃"有多大

我的尾翼很特别，为了增强飞行中的稳定性，我有三个垂尾

SKYLINK

-RIE

2

下单翼

 **2**

填颜色

参照上方的飞机,让我们给下方的飞机涂上颜色吧!当然,你也可以发挥自己的想象力,尽情地涂上自己喜欢的颜色!

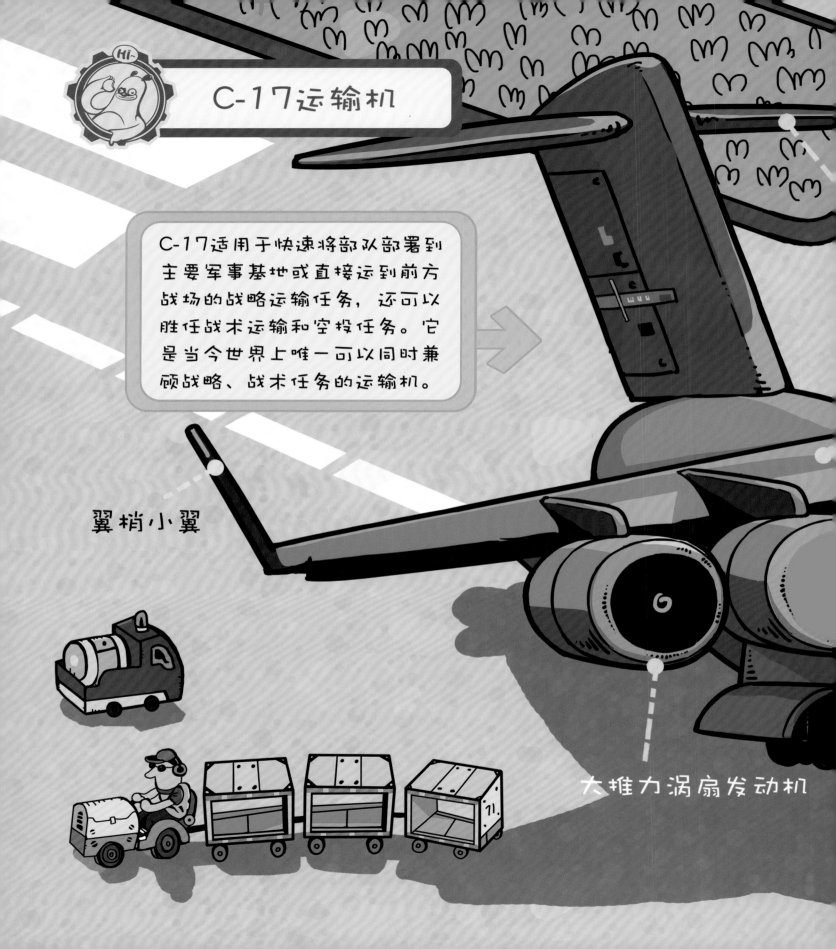

C-17运输机

C-17适用于快速将部队部署到主要军事基地或直接运到前方战场的战略运输任务，还可以胜任战术运输和空投任务。它是当今世界上唯一可以同时兼顾战略、战术任务的运输机。

翼梢小翼

大推力涡扇发动机

找零件

对照上页飞机，

帮我找出来缺少的零件吗？

迷宫

出口

入口

找不同

填名字

所有的运输机你都记住了吗？让我们一起来回忆一下吧！

运输机小科普

　　运输机是一种用于空运兵员、武器装备和其他军用物资,并能空投伞兵和军用装备的军用飞机。军用运输机问世以来,在多次重大战争中都发挥了重要作用。现代战争重视高速、机动和深入敌后作战,运输机的发展越来越受到重视。它具有在复杂气候条件下飞行和在比较简易的机场上起降的能力,有的还装有自卫的武器及电子干扰设备。军用运输机按使用性质分为战术和战略两种,按航程可分为中程及远程,按载重可以分为中型和重型。民用运输机大多称为"货机"。

图书在版编目（CIP）数据

全是运输机 / 酱油熊工作室编著. -- 哈尔滨：黑
龙江少年儿童出版社，2016.1
　　（全是飞机系列；7）
　　ISBN 978-7-5319-4144-6

Ⅰ. ①全… Ⅱ. ①酱… Ⅲ. ①运输机—儿童读物
Ⅳ. ①V271.2-49

中国版本图书馆CIP数据核字(2015)第266964号

全是飞机系列7
全是运输机 酱油熊工作室 编著

项目总监：张立新
策　　划：郜　琦
监　　制：徐　高
责任编辑：郜　琦 于　淼
整体设计：酱油熊工作室
责任印制：姜奇巍 杨亚玲
出版发行：黑龙江少年儿童出版社（哈尔滨市南岗区宣
　　　　　庆小区8号楼150090）
网　　址：www.lsbook.com.cn
经　　销：全国新华书店
印　　装：北京博海升彩色印刷有限公司
开　　本：889mm×1194mm 1/12
印　　张：2.75
书　　号：ISBN 978-7-5319-4144-6
版　　次：2016年1月第1版 2016年1月第1次印刷
定　　价：10.80元